ALBERT EINSTEIN Y SUS MUJERES

Jesús Méndez Jiminián

2014

ALBERT EINSTEIN Y SUS MUJERES

Jesús Méndez Jiminián

2014

Albert Einstein y sus Mujeres

Copyright 2014

© Jesús Méndez Jiminián
jmendezjiminian@gmail.com

© Editora Proyecto Cultura y Sociedad

Diseño de Portada:
Gabriel Peña

Primera Edición
Noviembre 2014

Auspiciado por

Petra Best Realty
329 Smith St. Perth Amboy, NJ 08861
732-442-1400
www.petrabestrealty.com

QR Tax Service
240 Smith St. Perth Amboy, NJ 08861
732-442-7600
www.franksaladotax.com

All rights reserved.
ISBN: 1503293319
ISBN-13   978-1503293311

A toda la gente generosa de Princeton, en el bicentenario de su ciudad (1812-2012)

ALBERT EINSTEIN Y SUS MUJERES

"Tú significarás más para mi alma que lo que todo el mundo significó antes...".

Carta de Einstein a Marie Winteler (1896) en "Las vidas privadas de Einstein" *de Roger Higfield y Paul Carter.*

ALBERT EINSTEIN Y SUS MUJERES

Albert Einstein (1879-1955) está considerado como el más grande científico del siglo XX, y probablemente de toda la historia de la Física. Tuvo, por tanto, sus afortunadas virtudes, y por qué no, sus defectos. Al fin y al cabo, los seres humanos no somos perfectos.

De Einstein, se tiene al día de hoy una copiosa documentación sobre su vida científica; sobre todo, de sus extraordinarios aportes al campo de la física, y en general, a la Ciencia. Sin embargo, muchos de sus principales investigadores han obviado su vida sentimental; vale decir su vida privada.

Desde luego, hay autores - muy contados por cierto-, que han dado a la luz pública ese lado de su yo. Quizás, y debemos destacarlo en esta parte de su vida, pese al hecho- muy poco conocido, de que fruto de la relación con quien él llevara a cabo su primer matrimonio, y esto ocurrió cuando tenía apenas 23 años de edad, nació su primer hijo (a), una niña, que dada su precaria situación económica y en común acuerdo con su entonces novia y compañera de estudios, Mileva Maric, de origen serbio, tuvieron que darla en adopción a una pareja hoy desconocida para el mundo. Al respecto daremos amplios detalles más adelante.

La primera relación sentimental de Albert Einstein ocurrió cuando él cursaba el tercer año, en la sección técnica de la Escuela Cantonal de Aarau, en Suiza, donde había ido a estudiar, ya que sus padres buscando una mejor vida tuvieron que trasladarse a Milán, Italia. Él tenía entonces 17 años de edad, y vivían todos en Munich, Alemania.

Einstein por estos años, se hospedó en la casa de un amigo de sus padres llamado

Jost Winteler, que era profesor, y de quien se dice que por el cariño que le tomó, Einstein lo llamó *"Papá Winteler"*. El señor Winteler y su esposa tenían varias hijas. Allí recibió el jovenzuelo Einstein el primer flechazo de cupido, que sepamos hoy. El matrimonio Winteler tenía una hija de nombre Marie, que logró cautivar el corazón del muchacho de origen judío-alemán. Ambos jóvenes tenían en común algo que los acercó de una vez: la música. A Marie le gustaba tocar el piano, y a Einstein el violín, por lo que en seguida comenzaron a actuar como dúo.

La relación Albert- Marie contó en lo inmediato con la aprobación de los padres de ambos. De Marie se ha destacado por parte de algunos biógrafos de Einstein, que era la hija más bella del matrimonio Winteler. Por cierto, de este noviazgo de Einstein se han logrado conservar algunas cartas, entre ellas ésta, en la que entre otras cosas, el entonces joven Einstein manifiesta el *"tono tierno y amoroso"* de un primerizo en las cosas del amor: *"Muchas muchas gracias por tu encantadora cartita, que me hizo inmensamente feliz (...) Solamente ahora comprendo lo imprescindible que mi querido rayo de luz ha sido para mi felicidad (...)"*

"*No se sabe cuando terminó exactamente este romance, aunque por las cartas que se conservan no debió de ser antes de diciembre de 1896 o principios de 1897. Parece que fue Einstein quien lo puso término, para desconsuelo de su madre Pauline, que incluso mantenía correspondencia con Marie. En septiembre de 1896, Einstein finalizaba sus exámenes en Aarau y tendría que ir a estudiar a Zurich"*, indica Albino Arenas Gómez en su obra *"Albert Einstein"*.

De esta breve estancia del joven Einstein en Aarau, se resolverían algunas cosas muy importantes para su vida y futuro inmediato. Por ejemplo, él tenia por estos días la duda de si estudiar física o matemática. Se inclinó por la física finalmente. Además, decidió estudiar para profesor "*en lugar de hacerse ingeniero*" como tenía pensado.

Respecto a lo que Einstein denominó por aquellos días "*Mis planes para el futuro*", explicará luego el por qué había "*optado por seguir una carrera científica: (...) Por encima de todo está*- dijo-mi *inclinación por lo abstracto y por el pensamiento matemático...;* a uno siempre le *gusta hacer aquello para lo que está dotado".*

Contrario a lo que algunos sabelotodo piensan y dicen, sin tener conocimiento de causa, Einstein fue un buen estudiante. No fue excelente siempre, pero al menos logró ser notable en sus estudios. Prueba de ello fueron sus calificaciones, incluidas las universitarias. Desde luego, a él no le gustaban los idiomas, pese a que con el paso de los años sabía: alemán, francés, inglés y un poco de italiano. Le gustaba la historia -aunque no más que las matemáticas y la física-; pero nunca estuvo a gusto con la geografía, el arte y el dibujo técnico.

Einstein renunció a la ciudadanía alemana, logrando obtener la suiza en 1897; y pudo así ingresar después de aprobar unos exámenes, en la Escuela Politécnica de Zurich, Suiza. En esta institución logró entablar amistades con varios compañeros de clases, en particular con aquellos a los que estaría ligado toda su vida: Marcel Grossman, Michele Angelo Besso, y la que sería su primera esposa -como ya comentamos anteriormente-, Mileva Maric. La Maric estudiaba entonces ciencias y matemáticas.

Era la única mujer del grupo. Sin embargo, de *"todos sus amigos, parece que fue Grossman, en particular, quien mejor entendió el carácter independiente y decidido de Einstein. Grossman comprendió hasta qué punto le irritaba y frustraba (a Einstein, n. de j.m.j.) el verse obligado a asistir con regularidad a clases que le aburrían (...) también sabía que Einstein necesitaría la información impartida en las aulas para aprobar los exámenes".*

Grossman le prestaba a Einstein sus apuntes, con los cuales él (Albert) logró graduarse en 1900, en la Escuela Politécnica con excelentes calificaciones. Los que deseen pueden ver el resumen de estas notas en "*Albert Einstein*" de Albino Arenas Gómez.

"Hacia el otoño de 1901 Einstein encontró un trabajo como preceptor de varios niños que terminaban la enseñanza media (…) Einstein debía prepararlos para el examen final. Pero tampoco allí estuvo mucho tiempo. Terminó todo con el despido de Einstein. Parece ser- apunta Arenas Gómez en su citada obra- que la orientación que pretendía dar a la formación global de los niños no coincidía con la idea del director de la escuela".

A los pocos meses de la muerte del padre de Albert Einstein (10 de octubre de 1902, en Milán), logra éste contraer matrimonio con Mileva Maric (6 de enero de 1903, en Berna, Suiza), no obstante a la oposición de ambos padres de Einstein.

"Según parece, hay indicios obtenidos moderadamente de las cartas de Einstein, que fruto de esa relación fue el nacimiento de una niña en enero de 1902, a la que Einstein se refiere con el nombre de Lieserl. En el año 1987 se encontraron las cartas, por lo que antes de esta fecha se desconocía por completo todo lo referente

a este suceso", comenta Arenas Gómez en su obra.

De lo último que anotamos anteriormente, se desprende que el matrimonio Einstein-Mileva Maric se llevó a efecto un año después del nacimiento de la pequeña Lieserl. Parece ser, que esto del matrimonio ocurrió como una forma de no destruir la relación entre ambos, y esperar tiempos mejores. Y así fue.

Sin embargo, tiempo después del divorcio de Einstein con la Maric, "*Se ha especulado con una posible causa en un sentimiento de culpabilidad por lo ocurri-*

do, y tal vez también hacia Einstein por haberlo consentido (es decir, lo de entregar a la niña en adopción, n. de j.m.j.). Einstein, han apuntado algunos, siempre se quedó con la idea de que en su vida aparecería 'alguna posible Lieserl'".

La realidad fue otra, pese a que años después adoptó una hija. La depresión se hizo presente en él por aquellos días. En su auxilio acudió su gran amigo Marcel Grossman, quien habló con su padre para ayudar a Einstein a conseguir un trabajo. Así lo hizo. El padre de Grossman habló con un amigo suyo, que era entonces director de la Oficina de Patentes en Berna, el señor Haller. Mientras tanto, Einstein, se defendía dando clases particulares de matemáticas y física para estudiantes de secundaria y universitarios.

Por otro lado, la familia del primer amor de la vida de Einstein no lo olvidaba. La relación de los Winteler con Einstein se había hecho más estrecha de lo imaginado. Uno de los mejores amigos de Einstein, colega suyo, Michel Angelo Besso, casó con Anne, hermana de Marie Winteler. Y la hermana de Einstein, Maja, contrajo matrimonio con Paul Winteler, su excuñado. Así que, Einstein quedó ligado a los Winteler hasta el final de sus días.

Encontrándose Einstein trabajando en la Oficina de Patentes de Berna (1902-1909), como técnico de patentes, nace el primer varón del matrimonio Einstein-Mileva Maric: Hans Albert; y un año antes de abandonar su trabajo allí, es decir, en 1908, obtiene el puesto de profesor extraordinario de la Universidad de Berna. En 1910 nació el segundo hijo de Einstein: Edouard.

El año de 1905 fue un año maravilloso para Albert Einstein, en lo que respecta a su labor científica. Pues muy a pesar de su corta edad, 26 años, sus trabajos lograron revolucionar el campo de la ciencia. Ese año, Einstein publicó seis trabajos de investigación científica, que lo apuntalaban "*como uno de los físicos más grandes*" de todos los tiempos.

El primer artículo de Einstein publicado en la prestigiosa revista "*Anales de Física*" el 17 de marzo de 1905, versaba sobre "*el efecto fotoeléctrico*", que aplicaba a la teoría cuántica, "*recién nacida de la mano de Max Planck (otro genial físico alemán del siglo XX, y luego gran amigo de Einstein, n. de j.m.j.). El 14 de diciembre de 1900 (...). Este trabajo le valió para el premio Nobel de Física en 1921.*"

Un segundo trabajo de Einstein salió casi mes y medio después del primero, el 30 de abril de 1905 en la misma revista, y su título era "*Una nueva determinación de las dimensiones de las moléculas*", con ese trabajo consiguió Einstein el grado de doctor en Física (1905), y pretendía "*calcular el tamaño de las moléculas*".

"*Su tercer artículo vería la luz pública el 11 de mayo de 1905, y explicaba el movimiento browniano (...).*

El cuarto artículo (30 de junio de 1905) se titulaba "*Sobre la Electrodinámica de* los cuerpos en movimiento, y en él Einstein establece la famosa teoría especial de la Relatividad. El quinto artículo (27 de septiembre de 1905) era una especie de consecuencia del artículo sobre la relatividad. En unas pocas páginas obtenía la ecuación más famosa de la ciencia: $E=mc^2$. El sexto artículo (19 de diciembre de 1905) consistía en una segunda parte del tema anteriormente tratado del movimiento browniano."

Como parte importante, apuntaremos esta nota curiosa para compartir: "...el fundador de la teoría de la Relatividad crea su teoría sin ser doctor, cuando se *supone que tal título de doctor es el que oficialmente habilita para realizar investigaciones. Y lo mismo podemos decir de su primer artículo, el del efecto fotoeléctrico, y que le valió el premio Nobel"*.

Aunque hoy día, ya sabemos, Einstein es más conocido por su Teoría de la Relatividad, de la que una vez al ser cuestionado, dijo estas geniales palabras para que el más simple de los mortales la entendiera.

"Si estás cortejando a una chica atractiva, una hora parece un segundo. Pero si te sientas sobre unas ascuas (es decir, sobre fuego, n. de j.m.j.), un segundo parece una hora. Eso es la relatividad".

"Como anécdota –dice Arenas Gómez– añadamos que Einstein prefería para su teoría (la de la Relatividad, n. de j.m.j.) el nombre de teoría de invariantes, le parecía más exacto y mucho menos equivoco, pero se impuso el de relatividad, que le dio Planck, un año después... se popularizó la teoría, que, se resumiría en la frase: 'todo es relativo', que no es la idea de la teoría".

Más adelante, haciendo referencia a lo último que anotamos, Arenas Gómez señala: *"No significa de ningún modo que todo en la vida es relativo, diría Einstein en 1929. Einstein intentó cambiar el nombre a su teoría en los años veinte, pero ya fue imposible. De hecho, no utilizó el nombre de Teoría de la Relatividad hasta 1911 en los títulos de sus artículos. El título del artículo con el cual nace la Teoría de la Relatividad no lleva tal nombre, sino otro que parece no tener nada que ver en ello: 'Sobre la electrodinámica de los cuerpos en movimientos".*

Toda la producción científica de Einstein, en 1905, la realizó ocupando funciones de técnico de patentes de tercera categoría en la oficina de Berna. Carl Seelig, uno de los principales biógrafos de Einstein, señala que todos los trabajos publicados por él en ese año manifestaron su verdadera genialidad, y que fueron creados "*en auténtica soledad*", dedicando para ello hasta diez horas diarias. "*Nunca más volvió Einstein a producir nada parecido*", dice Arenas Gómez con mucha certeza en su citada obra.

"La Teoría de la Relatividad había surgido de una pregunta que Einstein se había planteado cuando tenía 16 años: ¿Cómo veré un rayo de luz si lo persigo con la velocidad de la luz? Tardó diez años en encontrar la repuesta, y sólo cinco o seis semanas en escribir el famoso artículo cuarto de 1905 donde establece la Teoría de la

Relatividad". El artículo en cuestión no contiene en ningún párrafo la palabra Relatividad. Tampoco en el título, ¡por supuesto!

Tiempo después, para dedicarse a la docencia universitaria como profesor adjunto de la Universidad de Zurich, Einstein dejó la Oficina de Patentes de Berna después de casi ocho años continuos de labores. Recordaría luego aquellos tiempos con cierto grado de nostalgia, pensando que en aquel lugar *"tuvo las ideas más brillantes de su vida"* en el campo científico.

Posteriormente, Einstein estará como docente, en 1909, en la Universidad Praga, donde intercambiaría con relevantes figuras del campo de la ciencia, entre ellos el célebre matemático Henri Poincaré y la genial Marie Curie, ambos franceses; respecto a madame Curie, Einstein llegó a decir en una ocasión que es "...*de todos los seres célebres, el único que la gloria no ha corrompido*".

La amistad entre ella y Einstein perduraría hasta la muerte. Einstein acompañó a la Curie en algunas excursiones, en las que intercambiaron sus puntos de vista sobre el mundo de la ciencia.

"Durante la estancia de Einstein en Praga -anota Arenas Gómez-, ya se habían manifestado los problemas matrimoniales entre él y su mujer Milena que terminarían en divorcio en 1919, precedidos de la separación entre ellos. Milena deseaba volver a Zurich; Einstein también prefería a Zurich pero no había recibido una oferta mejor que la de Praga, aunque no tardaría en recibirla."

Otras universidades por aquellos días, también manifestaron el deseo de que Einstein formara parte de su cuerpo profesoral, pues su nombre ya gozaba de un buen ganado prestigio en los círculos científicos del mundo. Además, se estaban produciendo en estos días, diligencias de su gran amigo Marcel Grossman con la finalidad de que Einstein impartiera docencia en la Escuela Politécnica de Zurich, donde ambos habían estudiado, y en la que ahora Grossman era Catedrático de Matemática y Director.

Finalmente, Einstein aceptó la oferta de su amigo Grossman, siéndole éste muy útil a Einstein para las bases matemáticas de la Teoría de la Relatividad General. Asimismo, ya años atrás, en 1913, se había producido el ingreso de Einstein como miembro de la sociedad científica más prestigiosa del planeta: *la Real Academia Prusiana de Ciencias.*

Tras su divorcio de Mileva Maric, el 14 de febrero de 1919, Einstein contrajo matrimonio en junio de ese año con su prima Elsa Einstein Lowenthal, que ya participaba muy estrechamente con él de sus actividades intelectuales y del cuidado de su salud. El parentesco de Albert Einstein con su prima Elsa *"era por doble partida. El del padre de Albert, y la madre de Elsa era Fanny Koch, hermana de Paulina Koch, la madre de Albert".* Elsa tenía dos hijos de su primer matrimonio, que vivi-

rían con la nueva pareja: Ilse y Margot.

Aquí podría estar, posiblemente, una de las claves del deseo de Albert Einstein de tener a su lado a quien considerar como hija suya tras lo ocurrido con la pequeña Lieserl, en 1902. Junto al matrimonio Albert-Elsa también se fue a vivir con ellos Pauline, la madre de Albert, quien al poco tiempo enfermó, falleciendo en marzo de 1920. Precisamente, ese mismo año conoció Einstein al célebre científico danés Niels Bohr, con quien no obstante a la amistad que les unió hasta la muerte, mantuvo una "controversia sobre la física cuántica".

Durante la década de los años 20, Einstein viaja de forma continua por Europa, América, Japón y Palestina. Pero, recordaremos que en plena Primera Guerra Mundial (1914-1918) en Alemania, se produjo una terrible escasez alimentaria, situación esta que en lo personal afectó a Einstein de una forma tal, que producto de su pésima alimentación enfermó del hígado, úlcera estomacal y otros males, Arenas Gómez en su obra describe tal situación con estas palabras:

"*La actividad de Einstein (en 1919, n. de de j.m.j.) es enorme y ello va a repercutir en su salud. Con su traslado a Berlín,*

Einstein había vuelto a cambiar de trabajo. La vida de Einstein en estos últimos años ha sido muy ajetreada (...)".

Y por otro lado, más adelante comenta de esta situación, esto que copiamos: "*Su prima Elsa que vive en Berlín, le ayuda y la familia de ella le proporciona alimentos adecuados (...) Einstein pasará en cama muchos meses durante la guerra. Los cuidados de su prima Elsa serán determinantes para que Einstein vaya recuperando su salud*", han afirmado algunos biógrafos del genial científico.

A finales del año 1921 cuando Einstein iba de viaje para Japón recibió *"un telegrama en que le comunicaron la concesión del premio Nobel de Física del año 1921 por sus contribuciones a la física teórica y especialmente por su descubrimiento de la ley del efecto fotoeléctrico (...) La concesión del Premio Nobel a Einstein originó un pequeño conflicto diplomático. Einstein no lo recogió en persona. Lo recogió a su nombre el embajador alemán. Pero ¿no debió ser embajador suizo?, porque aunque Einstein había nacido en Alemania, había renunciado a esa ciudadanía y durante varios años había sido apatrida antes de obtener la ciudadanía suiza (...) Pe-*

ro, por otra parte, el gobierno alemán pensaba que Einstein era alemán, puesto que era funcionario y para ello era preciso tener nacionalidad alemana. *Einstein había tenido que prestar juramento como funcionario al tomar posesión como miembro de la Academia Prusiana de Ciencias. Después de discusiones legales al respecto, la Academia Prusiana determinó que al tomar, posesión como académico, Einstein se convertía en ciudadano alemán, aunque seguía teniendo la ciudadanía suiza". Finalmente tiempo después, recibió de la mano del embajador suizo el premio de la Academia Sueca.*

De la Teoría de la Relatividad llegó a decir Einstein mientras visitaba España, en 1923, que era *"La culminación de la física de Galileo y Newton"*, sus dos referentes en el campo científico. A su mujer, Elsa, le llegaron a preguntar en esta gira junto a su esposo si conocía la Teoría de la Relatividad, a lo que ella respondió: *¡Oh no! Aunque me la he explicado (su marido, n. de j.m.j.) muchas veces no la comprendo; pero no necesito comprenderla para ser feliz.*

Cuando Albert Einstein llegó por primera vez a los Estados Unidos de Norteamérica, en 1921, fue recibido por el presidente de esta nación, en Washington, Warren Harding; durante esta visita pronunció conferencias en las universidades de Columbia, Chicago, Boston y Princeton sobre la Teoría de la Relatividad. En este viaje de Einstein fueron recaudados fondos para la naciente Universidad Hebrea de Jerusalén. Al partir de los Estados Unidos, Einstein llegó a Inglaterra, donde visitó la tumba de Isaac Newton.

En 1930, Einstein visitó, tras una invitación oficial, Cuba, donde los días 19 y 20 de diciembre pronunció también conferencias. Regresó a los Estados Unidos, en su tercera visita, en 1933, tras la llegada de

Hitler al poder en Alemania; le fueron en este año confiscados sus bienes por los nazis, refugiándose de forma definitiva en Princeton, Nueva Jersey, hasta al final de su vida en 1955. Adquirió la ciudadanía norteamericana en 1940, junto a su hijastra Margot y su secretaria particular Helen Dukas.

Ya su segunda esposa, Elsa, había fallecido en 1936 en Princeton donde se fue a vivir con Einstein junto a sus hijas; en 1939, su hermana Maja falleció allí tras cinco años en cama producto de una parálisis en 1931.

LOS AÑOS FINALES

Tras su estancia de más de dos décadas en Princeton, Einstein fue haciendo conciencia de otros temas relevantes para la opinión pública. Comenzó a escribir y a publicar con cierta asiduidad sobre temas como *"educación, política, libertad, guerra, pacifismo, judaísmo, etc. También sobre la filosofía (...)"*.

Su relación estrecha de amistad con el gran filosofo y matemático inglés Bertrand Russell le llevó a tomar posiciones en ese campo. Hacía todo esto, pese a que su salud no estaba bien.

"Desgraciadamente, fumo mucho, aunque se que el tabaco perjudica a la salud y a la memoria. Por esa misma razón no pruebo alcohol (...)", llegó a decir en una ocasión.

A lo anterior deberíamos de agregar, que además, en los últimos años de su vida, Einstein tuvo momentos difíciles en el plano familiar como hemos señalado. Uno de los episodios más tormentosos fue la pérdida de su hermana Maja, producto de una parálisis progresiva.

"Todas las tardes a las seis, Albert dejaba lo que estuviera haciendo y se dirigía a la habitación de su hermana. Incluso –se dice– llegó a leerle el diálogo sobre los dos mayores sistemas de Galileo".

Tras la muerte de Maja, Einstein, le escribió a un pariente suyo una carta en la que expresaba este lamento doloroso sobre su hermana: *"(...) Ahora la echo de menos más que lo que nadie puede imaginar".*

Pero también, años atrás, en la década de los años 30, Einstein sufrió la perdida de otros seres queridos: en 1934 falleció su hijastra Ilse, en Paris; y en 1936, muere su mejor amigo: Marcel Grossman.

Es por estos años cuando a Einstein, le diagnostican *"Aneurisma en la aorta del abdomen"*, enfermedad que finalmente con el paso de los años le llevará a la muerte.

Einstein rechazó en 1952 la presidencia del estado de Israel, que le habían ofrecido. Dos años atrás, previendo el final de sus días, mediante testamento donó su casa en Princeton y sus libros a su secretaria particular Helen Dukas, que al decir de algunos de sus biógrafos: *"más que su secretaria era su ángel guardián"*.

Einstein, sin embargo, dejó escrito que tras su muerte no quería que su casa de Princeton se convirtiera en centro de peregrinación. Precisamente, esto lo pudimos constatar tras una visita que hicimos allí en la primavera de este año a esa hermosa ciudad norteamericana que cumple su bicentenario de fundación, y donde a poca distancia hay una casa- museo, que guarda entre otras cosas, objetos personales del genial físico, así como el manuscrito original de su Teoría de la Relatividad General.

Casi todos los manuscritos y otros documentos de Einstein, según su testamento, pasaron a ser propiedad de la Universidad Hebrea de Jerusalén; a su nieto Bernhard Caesar, hijo de Hans Albet Einstein, su abuelo le donó su violín; *"violín que había dejado de tocar los últimos años"* y donde magistralmente tocaba entre otras, las piezas maestras de Mozart y Vivaldi, dos de los grandes músicos favoritos suyo.

En 1955, Einstein sospecha que ya le queda muy poco tiempo de vida, y encamina ciertos pasos a dar muestras de gratitud hacia algunos seres queridos. Por ejemplo, escribe un trabajo recordando a su mejor amigo Marcel Grossman que había fallecido casi 20 años atrás; también dedica otro trabajo a su amigo de juventud Michel Angelo Besso.

"El 15 de abril de 1955, Einstein ingresa en el hospital de Princeton. Se ha roto el aneurisma que padecía. Se avisa a su hijo Hans Albert, quien se traslada inmediatamente desde California a Princeton. Pasa con su padre los dos últimos días de su vida, el 16 y 17 de abril (…). Al día siguiente de su ingreso en el hospital, sábado 16 de abril experimenta una mejoría, hasta tal punto que telefonea a Helen Dukas, (su secretaria, n. de j.m.j.).

Quiere continuar trabajando en el hospital y le pide útiles de escritura y las hojas con sus últimos cálculos y las gafas. En el hospital pasará las últimas horas de su vida tratando de desenmarañar el misterio del Universo que se le resiste fiel a sí mismo hasta el final. Ha mantenido su coherencia personal y científica hasta el último momento.

La noche del domingo 17 descansa tranquilamente. Pasando la una de la madrugada, siendo, por tanto, ya lunes 18 de abril, la enfermera notó algo y se acerca, le oyó murmurar algo en alemán y esas serían las últimas palabras de unos de los mayores genios del siglo XX: Albert Einstein.

Tal y como había sido acordado, el cerebro de Einstein iba a ser estudiado. De modo que le realizaron la autopsia y le extrajeron su cerebro. Hasta la fecha parece que no se ha obtenido ninguna conclusión de ese estudio. Quizás en el futuro.

Su cadáver fue incinerado y sus cenizas esparcidas en un lugar desconocido por expreso deseo de Einstein. Tampoco por deseo del genio su casa de Princeton - como ya dijimos– no debía convertirse en museo, hecho que sí ha sucedido con algunas de sus casas en Europa". Su legado a la humanidad sigue vigente. Einstein es todo una leyenda.

**Montreal, Canadá.
4 de agosto del 2012**

Einstein y su hermana Maya

El autor frente a la casa de Einstein en Princeton, Nueva Jersey

El autor delante del manuscrito de la Teoría Especial de la Relatividad

Escritorio y silla que pertenecieron a Einstein

El autor al lado de la estatua a Einstein en el campus de la Universidad de Princeton

Einstein y Mileva, 1903

Einstein y su segunda esposa, su prima Elsa

Einstein rodeado de niños que fueron a visitarle

Einstein con su secretaria Helen, y su perro

www.ingramcontent.com/pod-product-compliance
Lightning Source LLC
Chambersburg PA
CBHW071810170526
45167CB00003B/1249